"Quien quiere llegar a una meta,
Busca caminos. Quien no quiere llegar,
Busca excusas".

"El ingrediente más importante es levantarte y hacer algo, **¡Así de simple!** Muchas personas tienen ideas, pero solo algunas deciden hacer algo hoy. No mañana. No la siguiente semana. **¡Sino hoy!** El verdadero emprendedor actúa en lugar de soñar" - Nolan Bushnell, Emprendedor.

EN LA PRESENTE GUIA TE DIRE COMO HACER

REACONDICIONANDO
BATERIAS DE 12 VOLTIOS

Las Baterías de 12 voltios o Batería de Acido

LA BATERIA DE ACIDO DE 12 VOLTIOS ES LA PRIMERA BATERIA RECARGABLE DE LA HISTORIA

Este tipo de batería, fue presentada en Francia por primera vez en 1859 y desde entonces ha sido utilizada ampliamente para muchas cosas, la industria automotriz utiliza ésta batería en todos sus vehículos, pero no solo ellos, también la industria náutica y la agrícola.

Hoy en día, un gran número de éstas baterías se han utilizado en todo el mundo, inevitablemente muchas son desechadas a diario, contaminando el ambiente y lo peor aún es que muchas personas desconocen que ésta batería puede ser reconstruida en un proceso sencillo, lo que puede ayudarte a ahorrar miles de dólares.

PRECAUCIONES

Como su nombre lo indica, las baterías de ácido utilizan ácido, los paneles internos son de plomo y el líquido representa una solución débil de ácido sulfúrico debido a su baja concentración, aunque las concentraciones de ácido sulfúrico son bajas esto no quiere decir, que éste ácido no pueda hacerte daño.

Por ésta razón, te recomendamos tomar las precauciones aquí presentadas:

- Cuando manipulas el ácido de batería en general, algunas de las consecuencias de una mala manipulación del ácido de batería, pueden ser quemaduras leves y daños a la ropa.

- Por tu seguridad utiliza guantes y una bata, además de gafas de seguridad. Estas gafas especializadas protegen tus ojos completamente.

- Debes evitar fumar mientras estés manipulando la batería, pues los gases emanados de éstas pueden explotar al hacer contacto con el cigarrillo o las cenizas que emana éste.

- Cuando conectes o desconectes los cables de la batería, asegúrate de conectar los positivos con positivos y los negativos con negativos, sé que esto suena bastante obvio, pero hasta a mí me ha sucedido que por un descuido puedes invertir los conectores, la concentración cuando manipulemos una batería debe ser máxima.

PRECAUCIONES AMBIENTALES

Debes seguir las instrucciones de tu gobierno local al momento de desechar una batería de ácido, las placas de plomo que contienen éstas son altamente tóxicas y se consideran un peligro ambiental, por éste motivo entrega la batería a un agente recolector especializado y contribuye con el cuidado de nuestro planeta.

TIPOS DE BATERIAS DE ACIDO

1. LA BATERIA DE IGNICION:

Esta batería, es la que vemos comúnmente en los vehículos particulares y de transporte público, ellas están completamente cargadas al momento de encender el vehículo y utiliza aproximadamente entre el 2 y el 4% de la carga para encenderlo. Luego que el vehículo enciende la energía eléctrica que necesita es generada por el alternador, es importante saber que si la carga de la batería se encuentra por debajo del 50% esto va a dañar las celdas internas de plomo y va irremediablemente a reducir la vida útil de tu batería.

2. <u>BATERIAS DE CICLO LARGO</u>:

Estas Baterías generalmente son utilizadas en carros de golf, montacargas y en algunas embarcaciones, éstas no se pueden mantener completamente cargadas como la de los vehículos tradicionales, ya que deben estar vacías y al momento de utilizarse se cargan completamente.

3. <u>BATERIAS ABIERTAS</u>:

Estas

baterías contienen unas tapas en la parte superior y cuando la batería se calienta emana vapores de oxígeno e hidrógenos que son evaporados por estas tapas, por ésta razón, debes ponerle agua destilada cada cierto tiempo para mantener

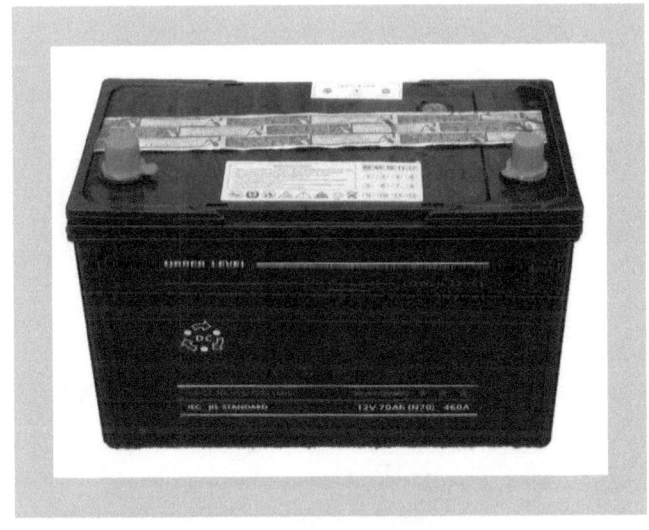

sumergidas en el líquido las celdas internas de la batería.

4. BATERIAS SELLADAS O LIBRE MANTENIMIENTO:

Estas baterías, no tienen tapas superiores, éstas emiten mucho menos vapor que las abiertas y por ésta razón no requieren que se esté pendiente de los niveles de líquido interno.

Si quisieras abrir esta batería para echarle agua destilada, tendrías que abrir los huecos con un taladro, generalmente éstas baterías vienen con marcas que te indican donde están colocadas las celdas.

La manera correcta sería con una mecha que tenga un tope, de manera tal que

no vayas a abrir un hueco muy profundo y dañes las celdas.

Luego de abrir los huecos y rellenar con el agua destilada, debes volver a sellar los huecos que le hiciste a tu batería, para esto debes buscar unos topes más o menos como estos.

COMO ES UNA BATERIA DE ACIDO POR DENTRO

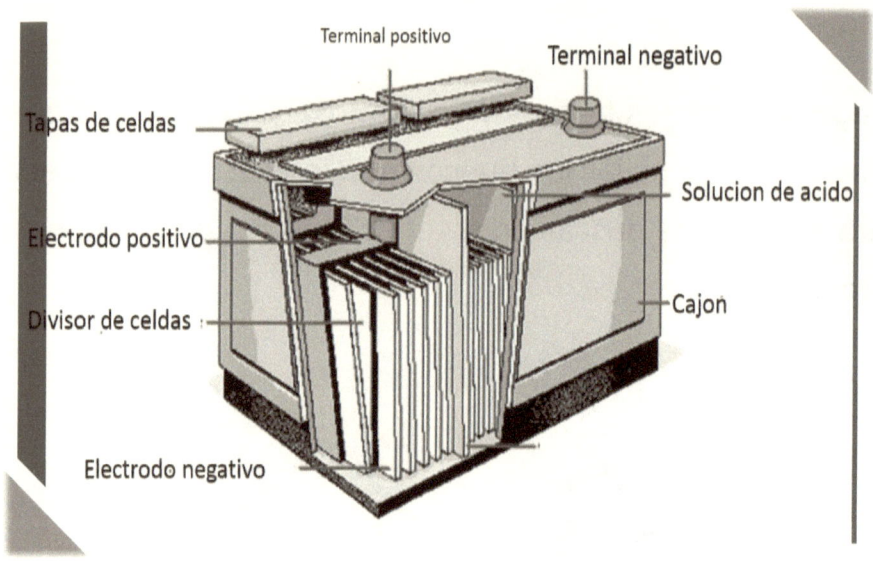

La batería de ácido contiene dos paneles: uno de ellos conectado al terminal negativo y otro al positivo, ambos separados por un material aislante, por supuesto, generalmente hay 6 celdas en una batería de 12 voltios.

Cuando la energía eléctrica es enviada a la batería, la batería comienza a cargar (esto es obvio), cuando la batería es conectada a un equipo, ésta comienza a enviar una corriente continua para alimentarlo.

EFECTOS DE LA SULFATACION EN LA BATERIA

Cuando estás reconstruyendo una batería debes estar consciente de lo que es la sulfatación y cómo afecta tu batería.

En los períodos de descarga de una batería las celdas positivas y negativas reaccionan con el sulfato presente en los electrolitos, lo que se transforma en sulfato de plomo, gracias al efecto del agua y la energía eléctrica este sulfato se adhiere a los paneles de la batería.

Cuando la batería se descarga, por lo general se presentan pocos niveles de sulfato de plomo, pero mientras más se descargue la batería, el sulfato de plomo se hace más intenso y presente en las celdas.

Si usted, no deja que su batería se descargue mucho y se recarga rápidamente, el sulfato de plomo regresa al líquido sin ningún tipo de problema.

Para mantener tus baterías de manera adecuada, debes asegurarte siempre de que estén bien cargadas, si tú las dejas un poco descargadas o completamente descargadas por largos períodos de tiempo, entonces el sulfato de plomo se adhiere de manera más fuerte a las paredes de las celdas y se convierte en cristales, debido a esto, es que las baterías comienzan a tener problemas para recargarlas.

Ahora ya sabes cómo evitar el problema de la sulfatación de la baterías, más tarde veremos los equipos que necesitaras para reconstruir baterías.

HERRAMIENTAS NECESARIAS PARA RECONSTRUIR BATERIAS DE ACIDO

Cuando estás trabajando con baterías de ácido necesitaras los siguientes equipos:

- *Multímetro.*
- *Hidrómetro para baterías.*
- *Medidor de carga de baterías.*
- *Limpiador de bornes.*
- *Y un cargador de baterías de 12v.*

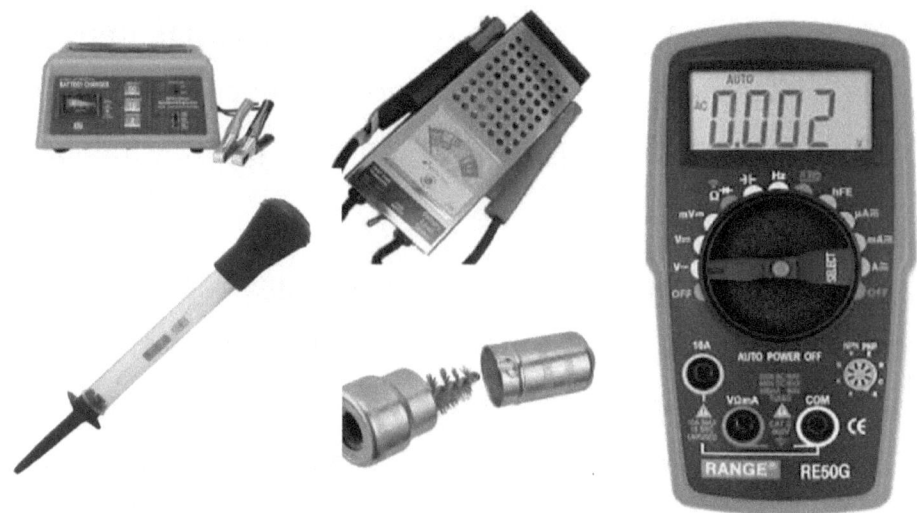

No importa de dónde sacaste tu batería vieja, por lo general la mayoría de éstas baterías se pueden reconstruir, y con **éste curso** vas a aprender a hacerlo de manera fácil y didáctica.

También vas a saber:

- ¿Cómo saber si una batería es recuperable o no?
- Las pruebas principales que debes hacer, para saber si puedes recuperar tu batería son las siguientes:
  1. Prueba de voltaje.
  2. Prueba de carga de batería.
  3. Prueba de líquido con el hidrómetro.
  4. Prueba de cada celda individual de voltaje.

Antes de iniciar tus pruebas limpia los bornes de la batería, utiliza tu limpia borne, esto removerá todas las impurezas y la sulfatación de éstos. Luego procede a conectar tu cargador y deja cargando tu batería por al menos 12 horas.

Una vez que cargaste la batería, remueve los conectores de la batería y deja la batería en stand by por unas 12 horas, luego intenta encender las luces del vehículo por unos 3 minutos, después que hagas esto vamos a las pruebas principales.

PRUEBA DE VOLTAJE

Primero haz una prueba de voltaje sin ninguna carga.

Con el

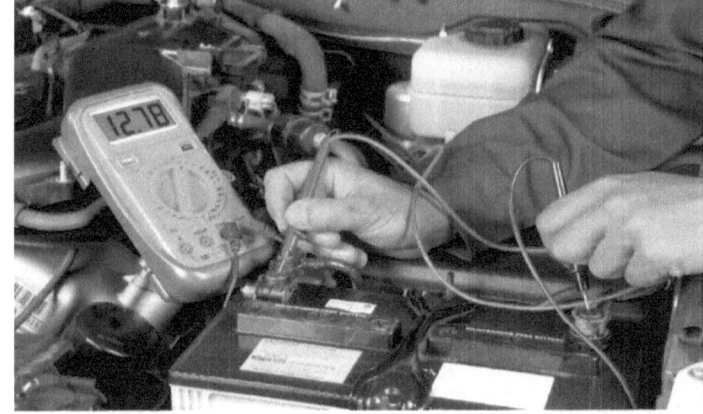

multímetro, colocamos sin la opción de carga encendida para que determinemos la carga general de la batería, debes colocar el probador rojo en el lado positivo de la batería y el lado negro, en el lado negativo de la batería como se muestra en la imagen.

Ahora compara el voltaje obtenido, con esta tabla que te presento a continuación:

Nivel de Carga	Voltaje	Gravity
Totalmente Descargada	11.9	1.120
25%	12.0	1.155
50%	12.2	1.190
75%	12.4	1.225
100%	12.7	1.265

Si el resultado es inferior a 12, entonces es probable que tengamos alguna celda muerta y allí tendríamos que probar cada celda individualmente, recuerda que previamente habíamos recargado la batería o al menos lo intentamos así que el voltaje debería ser mayor a 12.

PRUEBA DE CARGA

Ahora utilizaremos el medidor de carga de la batería, de igual manera conectamos el rojo con el positivo y el negro con el negativo, generalmente vienen con clips o como lo llamamos aquí puntas tipo caimán.

Después de enganchar los clips vamos a obtener una lectura sin carga en el medidor, después que veas esta lectura hay un botón que debes presionar por 10 segundos en el medidor, en este momento el medidor aplica una carga en la batería y mide el voltaje de la batería con carga.

Los resultados de tu medidor deben ser algo más o menos así:

VOLTAJE DE LA BATERIA CON CARGA

Menos de 6.1 voltios	"BAD"	**(Malo)**
6.1 A 10 voltios	"WEAK"	**(Débil)**
10 a 12 voltios	"GOOD"	**(Bueno)**

Si obtienes resultados entre malo y débil debes volver a probar la bacteria, sin embargo, si obtienes resultados entre débil pero con lecturas altas y Bueno hay mucho chance de que revivas la batería, pero si la lectura sigue siendo mala lo más seguro es que no puedas recuperarla.

Ahora probaremos si hay alguna celda mala, recuerda que si alguna celda no sirve no podrás recuperar esa batería.

PRUEBA CON EL HIDROMETRO

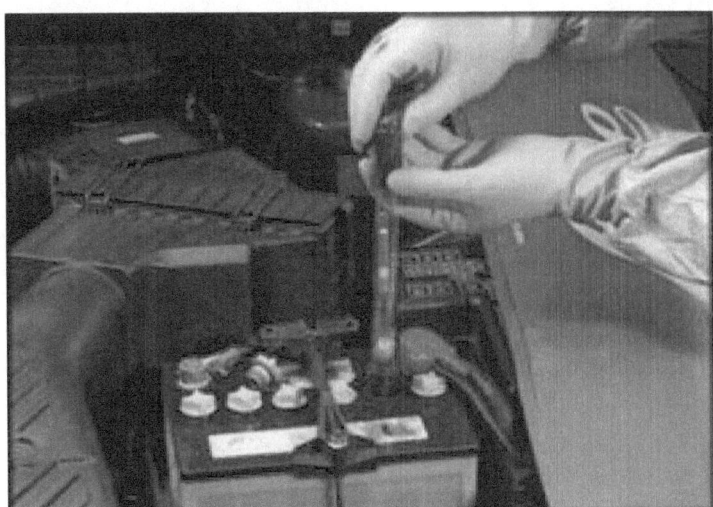

Para hacer esta prueba necesitas un hidrómetro para medir el nivel de los líquidos de la batería con esta herramienta, esto no es más que un tubo con una perita de succión en un extremo para medir la cantidad de líquidos o electrolito de la batería.

Con ello sabremos si existe alguna celda muerta en nuestra batería.

Es muy sencillo solo debes hacer lo siguiente:

1. Remueve la tapa de la batería de cada celda, recuerda que si tienes una batería sellada debes abrirle un pequeño agujero con un taladro en cada celda que por lo general vienen identificadas.

2. Introduce la punta del hidrómetro y presiona la perita para extraer el líquido de la celda, hazlo con cuidado recuerda que el líquido es bastante corrosivo y dañino.

3. Luego de esto veras el líquido dentro del hidrómetro y partes de medición del hidrómetro flotando.

4. Mantén el hidrómetro vertical para tener una correcta lectura.

5. Coloca el líquido de nuevo en la celda de donde lo extrajiste.

6. Repite esto con cada una de las celdas y toma nota de los resultados.

Si la mayoría de los resultados te da una lectura por encima de 1.2 y una sola celda te da 1.12 lo más seguro es que la batería tenga una celda mala así que esta batería hay que desecharla.

También chequea el estado de cada celda viendo como flota el nivel en el hidrómetro de la siguiente manera:

- Si flota sobre el verde, la batería está en buen estado.
- Si flota sobre el blanco, su estado es regular.
- Si flota sobre el rojo, la batería necesita carga.
- Si notas que en una celda el nivel de electrolito está por debajo de lo normal lo más probable es que tengas una celda mala.
- El nivel de electrolitos debe estar al menos 1/8 por encima de las rejillas internas de la batería.

CUARTA PRUEBA CHEQUEANDO EL VOLTAJE DE CADA CELDA

- Para esta prueba debes tener abierta la tapa de la batería de nuevo.
- Coloca el cable negro del multímetro en las celdas del lado negativo en la parte del líquido y el cable rojo colócalo en el borne de la batería. Generalmente esto puedes hacerlo con ganchos de ropa o con un pedazo de alambre.

- La lectura del multímetro debería ser de al menos 2 voltios.
- Probando la segunda celda, debes colocar el cable rojo en la primera celda y el negro en la segunda celda aquí la lectura debería ser de 2 voltios nuevamente.
- Sigue este proceso moviendo el cable negativo en el resto de las celdas, si alguna celda te arroja un voltaje menor a 2, entonces es una batería que no podrás recuperar.

RECONSTRUYENDO UNA BATERIA DE ACIDO DE 12 VOLTIOS

- Si tu batería ya paso las 4 pruebas y ya te aseguraste de que no tiene ninguna celda dañada, entonces vamos a reconstruirla.
- Lo primero que vamos a hacer, es aplicar una carga a la batería esto no funciona siempre pero no podemos descartar este procedimiento.
- Para hacerlo debemos aplicar una carga con un relativo alto voltaje por un período de tiempo pequeño.

- Asegúrate de que todas las celdas están cubiertas por líquido de baterías, si no lo están completa con agua destilada.
- Trata de cargar la batería completamente con un cargador normal de baterías. Ahora sube el voltaje de carga por encima de un 5 a 10% este voltaje debería estar entre 14.4 y 15 voltios para una batería de 12 voltios.
- Si tienes una batería sellada debes estar pendiente que la temperatura de ésta no sobrepase los 37 grados centígrados en el proceso de carga y si es una batería abierta trata de que no pase de 50 grados, si esto te llegase a ocurrir, debes parar el proceso de carga y esperar a que esta baje la temperatura para luego continuar.
- Debido al voltaje burbujas de gas del electrolito se forman y salen de cada celda recuerda que es un gas inflamable.
- Ahora toma nota cada hora de la gravedad (gravity en los medidores en inglés) que te arroja el hidrómetro en cada celda, cuando notes que los valores no aumentan debes dejar de cargar la batería.

- Entonces, descarga la batería un 50% y vuelve a cargarla dos veces de la misma manera para saber si este método funciono o No.
- Lo siguiente que haremos si la batería no volvió a la vida es colocarle aditivos para recuperar la vida de la batería, estos son: Sales de epsom o sal de higuera. algunos tratamientos para baterías que venden en cualquier tienda de tu localidad.
- Básicamente ambos sistemas funcionan de igual manera, tú colocas la cantidad de producto en las celdas de la batería y estos harán el resto del trabajo.
- Generalmente, se usa las sales de epsom, porque es muy económica y prácticamente igual que cualquiera de estos compuestos químicos.
- Primero, calienta agua destilada a unos 60 grados centígrados, que esté lo suficientemente caliente como para que se disuelva las sales de epsom.
- Ahora disuelve 250 gramos de las sales de epsom en ésta agua, asegúrate de remover hasta que esté completamente disuelta.
- Si la batería tiene el líquido completo, debes extraer al menos medio litro de la solución de las celdas de la batería.

- Utiliza el hidrómetro para asegurarte que estás retirando una cantidad igual de líquido de cada celda.
- Ahora agrega el agua destilada previamente preparada con las sales de epsom, divide este líquido en 6 partes iguales y utiliza un embudo para colocarlo en cada celda.
- Ahora cierra tu batería y agítala para que ésta solución se mezcle con el resto del líquido y empiece a hacer su trabajo.
- Después de esto recarga la batería completamente y luego descárgala hasta la mitad y vuelve a cargarla dos veces más.
- Nuevamente después de esto realízale las pruebas necesarias para saber si la batería ya está operativa otra vez.

LAS BATERIAS DE LITIO

Con la popularidad de los ordenadores portátiles de los últimos años, el mercado de las baterías de portátiles se ha vuelto enorme. La razón de esto es simple, las baterías de los portátiles duran menos tiempo que el equipo. Y peor aún, cuanto más una persona usa su ordenador portátil con la potencia de la batería en lugar de conectarla, más corta será la vida útil de esa batería.

Las baterías de los portátiles, son bastante costosas y todo el mundo odia cuando el rendimiento de tu batería del portátil comienza a desmejorar. *¿Entonces que puedes hacer?* Ser parte del 90 % de las personas y comprar una nueva batería muy cara cada vez que tu portátil falle?

Bueno, eso es lo que la mayoría de la gente hace, pero vamos a mostrar una mejor manera, debido a que en esta guía te vamos a llevar paso a paso a través de algunos métodos de reacondicionamiento de la batería del ordenador portátil que funcionan en la mayoría de los casos!

La mayoría de las computadoras portátiles tienen un sistema integrado que supervisa el estado de la batería. Otros sistemas pueden requerir software adicional para informarle acerca de la condición de su batería. Pero si usted, es un usuario de portátil normal probablemente se dará cuenta muy fácilmente si la batería de su ordenador portátil está dando la talla con o sin un software que monitoree el estado de su batería

Cada batería portátil, tiene un tiempo estándar que debe durar durante con el uso normal del ordenador. Pero después de un mes o dos de la utilización de su ordenador portátil, probablemente podrás empezar a ver si su rendimiento sufre. La batería puede tener información sobre cuánto tiempo debe durar y debe aparecer en las preferencias del sistema, o en la página web del fabricante de la batería. Así, tan pronto como la batería del ordenador portátil no funciona según las especificaciones, es el momento de reacondicionarla. De hecho, algunos de nuestros métodos de reacondicionamiento se deben realizar con regularidad para maximizar la vida útil de sus baterías de portátiles, aunque su rendimiento sigua siendo bastante bueno.

Los métodos descritos en esta guía, traerán sus baterías de portátiles antiguos, otra vez a la vida y prolongar su vida útil por lo que no tiene que comprar más nuevas baterías de repuesto que son tan costosas. Y sus baterías de portátiles también se desempeñaran mucho mejor de lo que lo haría una batería sin los cuidados que aprenderá. Esto le ahorrará dinero y, finalmente, permitirá utilizar su ordenador portátil como un ordenador portátil de nuevo, en lugar de obligar a sentarse cerca de la toma de corriente más cercana y conectar su equipo todo el tiempo.

Vamos a cubrir varios métodos en esta guía:
1. ¿Cómo volver a calibrar la batería del portátil?
2. ¿Cómo instalar y ejecutar el software especializado en su computadora portátil para que reaccione la batería?
3. ¿Cómo regresar su batería de nuevo a la vida?
4. Consejos y trucos para las baterías de ion de litio.
5. ¿Cómo optimizar su ordenador portátil para darle una mejor vida de la batería?

**Así que si usted está listo para empezar,
Vamos con el Método 1.**

Método 1: Vuelva a calibrar la batería del portátil.

El Método 1, te llevará a volver a calibrar manualmente la batería del portátil. Este método funciona muy bien para NiMH y NiCd baterías de portátiles, pero no para baterías de portátiles de iones de litio. Así que si su batería es una batería de iones de litio por favor pasar a métodos 2, 4 y 5. De lo contrario, este es el método de reacondicionamiento perfecto para comenzar si usted, tiene una batería portátil NiMH o NiCd.

El propósito de este método es de reacondicionamiento para devolver a la batería todo su potencial y revertir el "efecto memoria" adverso que las baterías de NiCd y NiMH tienen. Esto ayudará a que la batería vaya de cero a 100% de carga de nuevo, dándole la máxima vida útil.
Este método es uno de los que se pueden realizar con regularidad, incluso si la batería está funcionando bien. Utilizando el Método 1 de forma periódica definitivamente va a prolongar considerablemente la vida útil de sus baterías de portátiles y también ayudarles a trabajar mucho mejor. Sin embargo, las mayores mejoras las podrá

notar si la batería está ya fallando, porque el método 1 es para una batería que no está funcionando bien, este método mejorará la vida de la batería de manera drástica. Además, tenga en cuenta que si se utiliza el método 1, también puede utilizar los otros métodos aplicables para mejorar aún más y mantener sus baterías de portátiles.

Aquí está una tabla que simplifica esta información:

Según los tipos de batería, esta es la frecuencia con la que debemos aplicar este método.

Níquel e hidruro metálico (NiMH) cada 2-3 meses

Níquel-cadmio (NiCd) cada 2-3 meses

Ion de litio (Li-Ion) No es aplicable

Método 1: Pasos Reacondicionamiento

Así que vamos a comenzar los pasos manuales de recalibración (pero recuerda, no los apliques en baterías Li-Ion – salta al método 2 en su lugar).

Configuración del equipo - El primer paso en el reacondicionamiento de la batería es cambiar la configuración del equipo para asegurarse de que la batería puede drenar completamente en sí lo más rápido posible. Para ello, asegúrese de que el ordenador no entra en:

- Modo de salvapantallas
- Modo "sleep"
- Modo de hibernación

Para que esto funcione, tendrá que desactivar cualquier opción de equipo/batería que podría evitar que esto suceda. Estas opciones se encuentran generalmente en las "Opciones de energía" en el menú del equipo 'Panel de control'.

Dependiendo de qué tipo de sistema operativo que se esté ejecutando, tendrá que llegar a sus "Opciones de energía de una manera determinada". Así que vamos a incluir como llegar allí si está ejecutando Windows 7, 8, o 10 y también el camino para llegar allí si usted todavía está utilizando Windows XP.

.

Así que, primero, ir al botón de inicio de su ordenador portátil y haga clic en él.

Windows 7, 8, 10
Windows XP

A continuación, para Windows 7, 8, 10 o usuarios, escriba " Opciones de energía en el cuadro de búsqueda en "Inicio". En Windows XP, haga clic en "Panel de control" y haga clic en: 'Desempeño y mantenimiento'

Windows 7, 8, 10
Windows XP: Paso 1

Windows XP: paso 2

A continuación, haga clic en "Opciones de energía" en Windows 7, 8, 10, y Windows XP

Windows 7, 8, 10

Windows XP

A continuación, haga clic en "Cambiar la configuración del plan"

A continuación, cambiar esta configuración como se muestra en la siguiente imagen

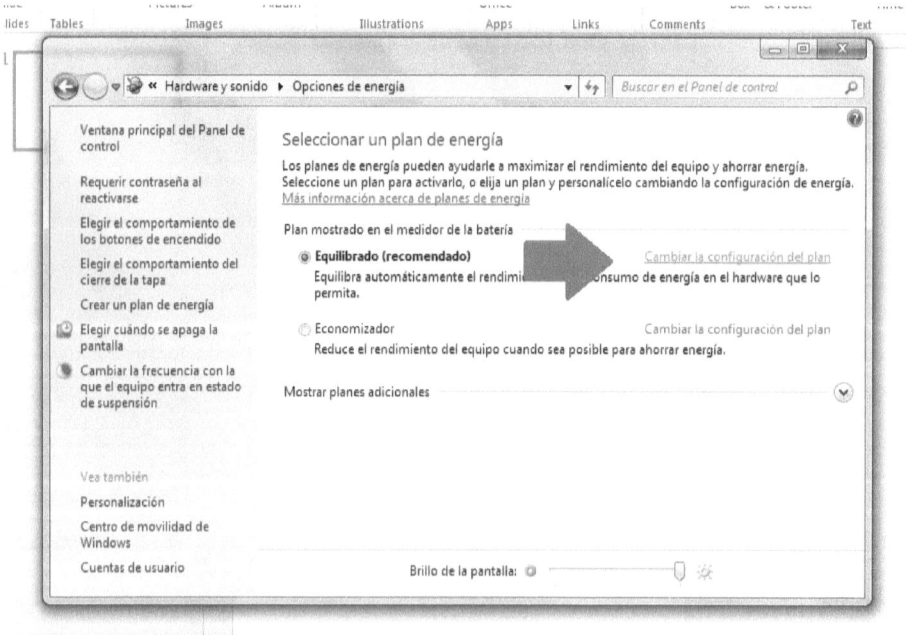

Luego, haga clic en "Guardar"

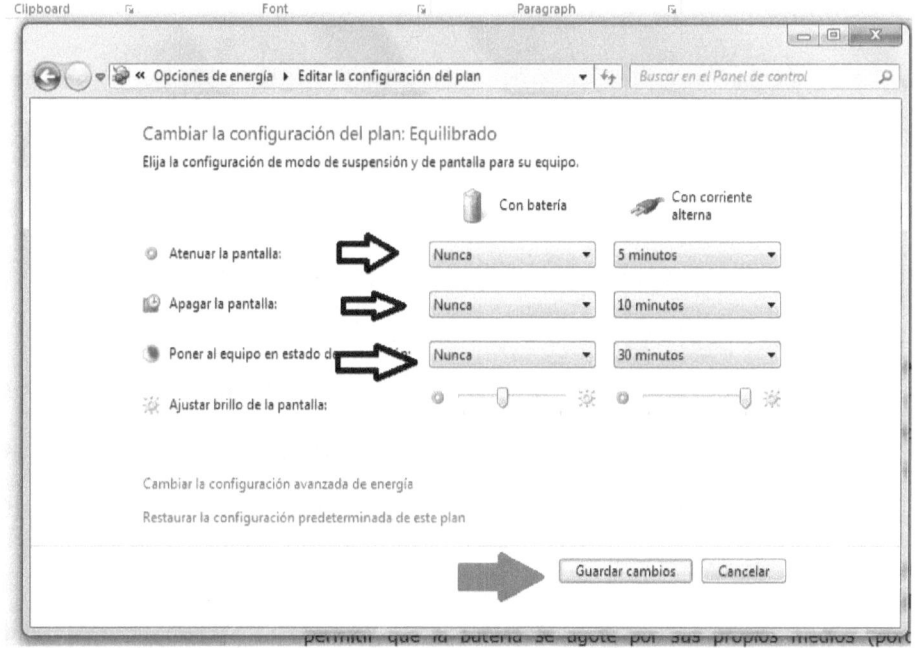

Cargar la Batería - El siguiente paso consiste en cargar completamente la batería. Por lo tanto, conecte su ordenador portátil a una toma y deje que se cargue por completo. Es probable que no aparezca un indicador en su computadora portátil en la parte inferior derecha de la pantalla, que le indique cuándo está completamente cargada.

Descargar la Batería - El siguiente paso es vaciar la batería completamente hasta llegar a cero. Dado que ya ha cambiado la configuración del equipo para permitir que la batería se agote por sus propios medios (porque el modo hibernación y otros ajustes que hemos mencionado han sido desactivados), la batería se debe vaciar completamente tan rápido como sea posible.

Puede utilizar su ordenador portátil durante este tiempo si lo desea, o se puede dejar que se vacíe por sí mismo. Si estás en un apuro, utilizando su ordenador portátil durante este proceso se va a vaciar aún más rápido, basta con mantener un ojo en el tiempo que le queda para que no se queden sin batería con el trabajo que están realizando y no lo hayan guardado.

Recargar la Batería - Una vez que la batería está completamente muerta y su ordenador portátil se ha apagado, conectar el ordenador de nuevo y dejar que se recargue al 100%. <u>Se debe cargar el ordenador apagado</u> antes de que esté totalmente cargada de nuevo. Sólo asegúrese de esperar a que se cargue la batería por completo antes de empezar a usar el portátil de nuevo. Por lo cual le recomendamos dejar cargando del ordenador portátil durante la noche para asegurarse de que esté completamente cargada antes de su uso.

Después de que la batería está cargada de nuevo al 100%, encienda su ordenador y la batería debería haber vuelto a la vida completamente!

Vuelva a cambiar la configuración de los ahorros de energía y está listo para disfrutar de su ordenador de nuevo de manera portátil

Después de reacondicionar su batería, hay algunos pasos que usted, debe tomar para asegurarse de que su batería tiene una mayor duración en un futuro:

• **Cambiar la configuración del ordenador** - Desde el primer paso de este método era el reacondicionamiento de apagar todos los ajustes que puedan ahorrar el uso de la batería, ahora tiene que volver a activarlos. Asegúrese de habilitar el modo de hibernación, el modo de reposo, y cualquier otra opción que permita que su batería reacondicionada dure más tiempo. Sólo tienes que ir a través de los pasos que mostramos al principio de éste método para volver a las " Opciones de energía, a continuación, restaurar la configuración original.

• Trate de mantener su computadora portátil conectada – Mientras más tenga usted, su ordenador conectado a una toma, menos tendrá que depender de su batería. Pero, por supuesto, el punto de un ordenador portátil, es para ser portátil! A fin de utilizarlo como un ordenador portátil cuando se quiere, pero si puedes mantenerlo conectado a la toma será mucho mejor. De ésta manera permitirá que la batería del portátil tenga una vida más larga, cuando no está enchufado.

Ahora podemos pasar al **método 2.** El siguiente método funciona para todos los tipos de baterías de portátiles y también es muy recomendable.

Método 2: Instalar software de monitoreo

En el segundo método, se puede instalar un software especializado que permita monitorear, mantener e incluso reacondicionar la batería del portátil. Así que vamos a revisar el mejor software de batería para que puedas decidir cuál utilizar para su computadora portátil.

La primera pieza de software que recomendamos para su computadora portátil es un programa de Windows llamado Battery Eater. Es un programa que va a monitorear la vida de su batería y determinar qué tan rápido va su deterioro.

Battery Eater, básicamente ejecute el programa (incluido en el pack cuando usted compro el curso, si no puede hacer click aqui. Luego, una vez que está vacía la batería, puede conectarlo de nuevo y reinicie el equipo. Battery Eater podrá visualizar la duración de su batería, lo que dura en la actualidad para que pueda comparar ese tiempo con lo que debería durar su batería. Si los números son diferentes, puede utilizar los métodos de reacondicionamiento mencionados en el Método 1, 3, 4, 5, o utilizar otro software. El siguiente programa puede probarlo se llama BatteryBar. Puedes descargar la versión gratuita aquí y puede visualizar el uso de la batería. También le permite ver un historial de los tiempos de carga 'y los tiempos de carga off' para que pueda entender mejor cuando es necesario tener el ordenador conectado.

Otra opción para los usuarios de Windows, para calibrar la batería es un programa llamado BatteryCare. Esto te dirá cuando es el mejor momento para volver a calibrar la batería para una máxima eficiencia.

Los sistemas operativos Mac, también tienen opciones para controlar la función de la batería de su ordenador. El primero de ellos está integrado en el propio ordenador. Usted puede simplemente ir a "Perfil del sistema", que se encuentra bajo el menú Aplicaciones y sub-menú "Utilidades", y se debe mostrar toda la información acerca de la salud de la batería en la sección 'Power'.

Si la información proporcionada por su Mac es insuficiente, hay un programa que le dará todos los datos de la batería del ordenador portátil. Este programa se llama iStat! pero sólo puede ser ejecutado en sistemas OS X y se ve así:

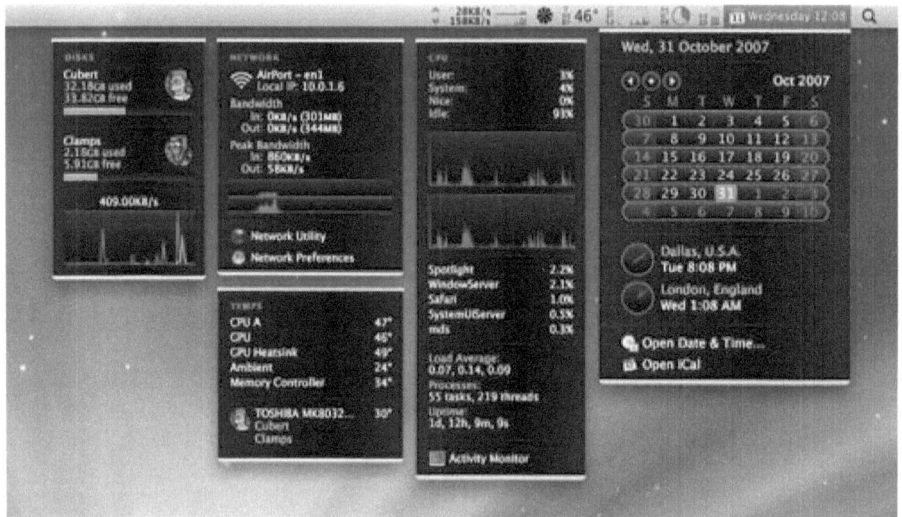

¿Por qué los software de monitorización de baterías son de gran ayuda?

El software descrito en este método le ayudará a controlar, mantener, e incluso volver a calibrar la batería del portátil. Estos son muy útiles porque si usted no tiene ninguna métrica para analizar y monitorear la batería, entonces no sabrá el verdadero estado de la batería (y cuando realmente reacondicionar).

Así, utilizando el software especializado como éste en conjunción con los otros métodos de reacondicionamiento en esta guía le ayudará a optimizar la duración de la batería y le proporcionará una mejor comprensión del rendimiento de la batería.

En lo siguiente, vamos a repasar de una manera simple, extraña, pero muy eficaz para reacondicionar la batería del portátil!

Método 3: Congelación de vuelta a la vida

El método de reacondicionamiento de la batería del ordenador portátil es inusual. Sin embargo, a pesar de que esto puede parecer un poco extraño, funciona muy bien! No vamos a entrar en los detalles de por qué esto funciona tan bien, sólo le mostramos cómo hacerlo!

Debe tener en cuenta que éste método sólo funciona para NiCd a base de níquel y baterías de NiMH de modo que si usted, tiene una batería de iones de litio use los Métodos 2, 4, o 5 de esta guía en su lugar.

Las únicas cosas que necesitará para este método es:

- La batería del ordenador portátil.
- Una bolsa de plástico con cierre.
- Una pequeña toalla
- Y el congelador!

Así que si usted está listo, vamos a empezar!

Paso 1: Retire la batería del ordenador portátil.

Paso 2: Coloque la batería en una bolsa de plástico sellada.

Paso 3: Coloque la bolsa en el congelador y se deja durante 15 horas.

Paso 4: Retire la pila del congelador, se sacan de la bolsa y deja reposar hasta que vuelva a la temperatura ambiente. Asegúrese de limpiar cualquier humedad que pueda acumularse en la batería.

Paso 5: Coloque la batería en el portátil y vea los resultados.

Algunas personas se sorprenden de lo bien que funciona éste método simple, pero extraño! Tenga en cuenta que puede utilizar éste método de reacondicionamiento con nuestros otros métodos de reacondicionamiento. Por ejemplo, una combinación perfecta es utilizar el método 1 y también Método 3 si tiene una batería de NiCd y NiMH.

Así que con esto, vamos a pasar al siguiente método de reacondicionamiento. Vamos a repasar algunos consejos específicos para sólo baterías de portátiles de iones de litio.

Método 4: Consejos y trucos para Baterías de ion de litio

Algunos de nuestros otros métodos de reacondicionamiento en esta guía eran específicamente para las baterías de NiCd y NiMH por lo que queremos incluir una sección sólo de baterías de portátiles de ion-litio. Por lo tanto en esta sección, aprenderá consejos y trucos que ampliarán considerablemente la vida útil de las baterías de portátiles de iones de litio.

Además, mucha gente no se da cuenta de que el mal mantenimiento disminuye dramáticamente la vida de las baterías de iones de litio. Por lo tanto, le mostraremos los principales errores para evitar que las baterías de iones de litio envejezcan prematuramente.

Por otra parte, el momento más crucial en el cuidado de la batería de litio-ion es durante el el comienzo de uso de su batería. Así que vamos a cubrir toda esta información en esta guía para que pueda mejorar drásticamente la vida útil y el rendimiento de la batería del ordenador portátil. ¡Entonces empecemos!...

Así que, ¿Cómo funciona un trabajo de iones de litio de la batería?

Las baterías de litio de trabajo basada en el movimiento de iones entre los electrodos positivo y negativo. En teoría, las baterías de iones de litio deben funcionar para siempre. Sin embargo, las altas temperaturas y el ciclismo disminuyen su vida útil en el tiempo.

Cómo prolongar la vida de Litio-Ion Baterías

Entonces, **¿Cómo se pueden revertir los efectos adversos de las altas temperaturas y el ciclismo?** Bueno, hay un buen número de cosas que puede hacer, lo que vamos a repasar en esta sección.

Así que para prolongar la vida útil de las baterías de iones de litio, siga estos consejos:

• Para baterías nuevas, es importante cargar completamente antes de utilizar el ordenador portátil. Este "enseña" la batería en la medida de la carga.

• Para prolongar la vida útil de una batería de iones de litio que ve una gran cantidad de uso, como un ordenador portátil o teléfono celular, es mejor cargarlo a menudo con cargas cortas y no cuando su teléfono o portátil ya están al borde de apagarse por el desgaste de la batería

• es importante cargar constantemente sus baterías y no dejar que estas lleguen al límite de la descarga, pero es importante una vez al mes descargar completamente la batería hasta que el equipo se apague y de allí cargarlo de nuevo de una vez al mes. Esto ayuda a mantener la buena salud de la batería.

• Es muy perjudicial para una batería de iones de litio si se utiliza el dispositivo mientras se está cargando. Esto hace que se sobre caliente la batería, lo que reduce la vida útil de una batería de ion-litio.

• Si es posible, utilice un cargador con una calificación más baja de tensión. Si bien es cierto que esto hará que se cargue lentamente, se cargará a una temperatura inferior, lo que preservara la vida útil de la batería.

• No deje la batería en zonas soleadas o calientes. Este calor puede reducir la vida de la batería.

• Por último, si no va a utilizar la batería durante un tiempo o si buscas almacenarla, asegúrese de que la batería tenga más del 40% de la carga antes de dejarla a un lado. Cuando las baterías de iones de litio se almacenan y no se recargan durante largos períodos de tiempo, esto puede conducir a una incapacidad para mantener una carga cuando la batería está en uso otra vez.

Si usted sigue estos consejos y trucos (especialmente si se utilizan desde la primera vez que obtenga su nuevo ordenador portátil o la batería del ordenador portátil) va a maximizar la vida útil de la batería y prevenir el envejecimiento prematuro de la misma.

Método 5: Optimizar su ordenador portátil para una mejor vida de la batería

(Porque no va a tener un montón de cosas que se ejecuta en el de fondo que no se está usando), sino que también mejorará drásticamente su rendimiento de la batería del ordenador portátil y vida útil.

Después de todo, no tiene sentido reacondicionar su batería para maximizar su vida útil, y que usted mantenga un montón de programas abiertos en segundo plano consumiendo recursos y batería, entonces usted va a hacer más duro el trabajo de la batería para lo que requerirá más potencia. Así que lo mejor de para reacondicionar la batería del portátil es optimizarla, por lo tanto en esta sección, vamos a repasar consejos y trucos para hacer justamente eso!

Administración de energía

- Lo primero que vamos a hacer es optimizar la configuración de administración de energía de su computadora portátil. Así como se le indico en el Método 1, debe volver a entrar en su portátil "Configuración de energía" o "Opciones de energía".
- Así que, primero, vaya al botón de inicio de su ordenador portátil y haga clic en él.
- A continuación, en el cuadro de búsqueda en "Inicio", escribe en 'Opciones de energía'
- A continuación, haga clic en "Opciones de energía"
- A continuación, haga clic en "Ahorro de energía". Esto ahorrará energía al tratar de limitar el

rendimiento de las aplicaciones que no esté utilizando.

Desfragmentar su unidad de Disco Duro.

Fragmentación es lo que hace su disco duro cuando se expone el contenido del archivo no contiguo para permitir modificaciones de su contenido. Por lo tanto en esta sección le mostraremos cómo desfragmentar el disco duro.

 Nota Importante: Usted no tiene que hacer esto, si tiene un Mac porque lo hacen de forma automática.

Además, no haga esto si el equipo utiliza una unidad de estado sólido, ya que podría hacer que su funcionamiento sea más lento.

La desfragmentación se llevará un tiempo. Así que por lo general se recomienda dejar que su desfragmentación de disco se ejecute durante la noche.

Así que para limpiar los archivos en el disco duro siga estos pasos:

- **Paso 1:** Elija panel de Control de inicio □ □ Sistema y seguridad
- **Paso 2:** Haga clic en Desfragmentar el disco duro
- **Paso 3:** Haga clic en el botón Analizar disco

Si los resultados se acercan y dicen que su unidad es de 10% o más fragmentada, entonces debería ejecutar el procedimiento de desfragmentación. Si es inferior al 10% puede omitir la desfragmentación del disco duro.

- **Paso 4:** Cuando se realiza el análisis, si los resultados fueron del 10% o más, haga clic en el botón "Desfragmentar disco" para iniciar el proceso.
- **Paso 5:** Deje que la desfragmentación se ejecute durante la noche. A continuación, haga clic en Cerrar el cuadro de diálogo desfragmentar el disco una vez que termine.

Cómo evitar las temperaturas calientes:

- Las Baterías de portátiles se deterioran más rápido cuando están en altas temperaturas. Por lo que te recomendamos tratar usarlas en temperaturas moderadas cuando sea posible.
- Una almohadilla de refrigeración es muy recomendable para ayudar con esto. Sin embargo,

no utilice los paneles de refrigeración que utilizan un cable USB que se conecta a su ordenador portátil para alimentar el ventilador (s), ya que esto utilizará más energía de la batería portátil.

+ Además, no apoye su computadora portátil sobre una almohada, manta, u otra superficie blanda, debido a que estos atrapan el calor y a su vez, calientan su ordenador portátil y la batería. Si le gusta usar su computadora portátil en su regazo, se recomienda coloque un soporte para las rodillas para darle a su portátil una superficie dura para sentarse (en lugar de los pantalones ya que estos atrapan el calor).

Desconecte dispositivos externos no utilizados

Los dispositivos externos, como un ratón USB o un disco duro externo, conectarlos a un puerto USB utilizan una gran cantidad de energía de la batería para trabajar. A veces nos olvidamos de la batería del ordenador portátil y éste todavía es capaz de alimentar algunos componentes aunque el portátil no esté en uso. Por lo que acaba de salir de ellos conectados en todo momento. Sin embargo, es altamente recomendable que desconecte todos los dispositivos externos cuando no los estés usando para ayudar a preservar su batería y no desperdiciar energía de la pila.

Retirar el CD o DVD de su unidad de disco óptico

Cuando usted tiene un CD o DVD en la unidad de disco óptico del ordenador portátil, éste utiliza una gran cantidad de energía para hacer girar los discos CD/DVD. Así que trate de reducir al mínimo el tiempo que usa su unidad óptica y de quitar cualquier CD y DVD de la computadora portátil.

Baje del monitor LCD el brillo del panel de control

El 43% de la potencia de su ordenador portátil se utiliza en el brillo de la pantalla del ordenador portátil. Es el mayor culpable del consumo de energía de su batería. Así que la forma más fácil para maximizar la duración de la misma, es bajar el brillo de la pantalla LCD. Esto probablemente parece bastante obvio, pero vale la pena enfatizarlo ya que es el mayor generador de gasto de energía.

Cada equipo tiene sus opciones de brillo de la pantalla en lugares diferentes; sin embargo, siempre se puede encontrar dónde están sus "opciones de energía".

Optimizar la utilización del hardware

Si el equipo tiene un adaptador Bluetooth o un IR, estos dispositivos consumen energía sólo con estar habilitados. Así que si usted, no los está utilizando le recomendamos que los desconecte.

Además, si usted no está usando Wi-Fi, es recomendable que desactive el adaptador Wi-Fi, ya que éste adaptador utiliza una gran cantidad de energía.

Use del modo de Hibernación en lugar del modo de suspensión

Use el modo de hibernación en lugar del modo de reposo cuando el equipo está sin uso, esto hará que la potencia utilizada por el equipo baje a un mínimo.

Mientras se encuentra en modo de suspensión, sigue haciendo uso de la batería para mantener todo en la memoria, mientras que el modo de hibernación no lo hace. Es recomendable apagar el ordenador en lugar de ponerlo en el modo de Suspensión.

El propósito de éste paso es tratar de evitar que su portátil de forma continua utilice la batería, para no agotarla y restarle vida a la batería de su portátil.

Una vez actualizada la configuración del ordenador portátil a la configuración que mostramos en este método, el ordenador portátil se ha optimizado para trabajar más rápido, mejor y ayudará a extender la vida de su batería!

El uso de los pasos de éste método junto con los otros métodos de reacondicionamiento de ésta guía, son la combinación perfecta para la mejor duración y mejor rendimiento de las pilas!

En este punto, las baterías deben estar de vuelta a la vida y también con un nuevo rendimiento óptimo! Así que buen trabajo y felicitaciones!

Usted ha hecho algo que la mayoría de las personas ni siquiera saben que es posible!

Y también se ha ahorrado un montón de dinero porque ya no tiene que comprar nuevas baterías de portátiles que son tan costosas!

Conclusión:

En esta guía, se presentaron numerosos métodos de reacondicionamiento, así como sugerencias para el mantenimiento y trucos para prolongar la vida útil de la batería del portátil.

Hablamos sobre cómo recalibrar/reacondicionar la batería del portátil de forma manual, cómo ejecutar el software especializado que mantiene, correcciones, y reacondicionar su ordenador portátil, cómo congelar la batería que le devolverá la vida, así como muchos consejos y trucos para la optimización de la batería de su portátil.

Con esta información valiosa la batería del portátil ahora durará mucho más tiempo y es de esperar que esta batería le dure más de lo que le dure su portátil. Las baterías de repuesto son cada vez más y más costosas, así como también más difícil de encontrar, porque los ordenadores portátiles no utilizan un modelo o tipo de batería. Por lo tanto la información de esta guía, es cada día más valiosa, ya que ahora puedes ahorrar dinero sustancial y no comprar una nueva batería, así como tener un mejor desempeño y rendimiento de la misma.

Esperamos que hayan disfrutado de esta guía y que la encontraran increíblemente útil. También queremos dar las gracias por elegirnos como su experto en baterías de reacondicionamiento. Fue un honor para nosotros enseñar esta información y queremos desearle la mejor de las suertes!

REACONDICIONAMIENTO DE BATERIAS ALCALINAS

Seguridad primero, todo lo que se relacione con este proyecto de reacondicionamiento de baterías debe ser entendido antes de iniciar su proyecto. Si no se siete seguro consulte a un profesional.

El mercado mundial de baterías desechables era de unos mil millones de dólares en el año 2015 - Las pilas alcalinas representó la mayor parte de las ventas de baterías desechables.

Así como la mayoría de la gente, es probable que utilice regularmente pilas alcalinas para alimentar sus equipos electrónicos. A continuación, una vez que las baterías se agotan, como la mayoría de la gente usted las desecha y compra baterías nuevas.

Pero aquí hay buenas noticias; en realidad se puede reacondicionar y traer las pilas alcalinas de vuelta a la vida y en varias oportunidades; Y no, no estoy hablando de recargables alcalinas de manganeso (RAM) de baterías, que en realidad estoy hablando sino de las pilas alcalinas normales.

Apuesto a que ni siquiera sabía que era posible! La mayoría de las personas no lo hacen. Pero les aseguro, que es!

Imagínese si usted podría reacondicionar y volver a usar sus viejas baterías alcalinas. Piense en todo el dinero que ahorraría mediante la reutilización de las baterías en lugar de comprar otras nuevas!

Bueno, usted no se lo imaginará, porque al final de esta guía usted sabrá exactamente cómo dar a sus baterías alcalinas una 2ª, 3ª y hasta 4ª oportunidad de volver a la vida.

Pero antes de que le enseñamos nuestros dos métodos que traerán su batería alcalino de nuevo a la vida, lo primero que queremos darle es un poco de historia acerca de las baterías alcalinas.

Antecedentes con pilas alcalinas

Las pilas alcalinas deben su popularidad a los grandes beneficios que aportan:

1. Son fáciles de usar y sólo pueden ser usadas en el dispositivo que lleve exactamente este tipo de pila.
2. Son fáciles de encontrar en la tienda más cercana.
3. Son relativamente accesibles.

4. <u>Alta densidad de energía</u>: Las baterías alcalinas tienen altas densidades de energía parecidas a la densidad de energía de las baterías de ácido (y mucho mayor que la de níquel e hidruro metálico (NiMH) y baterías de níquel-cadmio (NiCd)) de iones de litio (Li-ion). Esto hace que las células alcalinas sean ideales para aplicaciones portátiles como controladores remotos y cámaras digitales.

5. <u>No tiene efecto memoria:</u> Las pilas alcalinas no sufren los problemas de memoria que las baterías de NiCd hacen (y también pilas NiMH, pero en menor medida). En las baterías de NiCd, cristales de hidróxido de cadmio se forman en el ánodo de cadmio (polo negativo). Estos cristales impiden el contacto del electrolito al ánodo dando como resultado un rendimiento pobre (Nota: Este efecto de memoria se puede resolver con los métodos que se enseñan en nuestra guía de reacondicionamiento NiCd).

6. <u>Reducción de la auto-fugas:</u> Fugas de uno mismo, es un fenómeno en el que se pierde la carga de una batería con el tiempo, incluso si no hay circuitos externos que estén conectados. Esto sucede debido a las reacciones químicas que ocurren dentro de la

célula. La descarga de auto-fugas aumenta a temperaturas más altas. Sin embargo, las baterías alcalinas tienen un problema de auto-fugas muy reducida en comparación con las baterías de NiCd.

7. <u>Rendimiento de descarga profunda mejorada</u>: Algunos dispositivos presentan picos de consumo de corriente. Por ejemplo, las cámaras digitales utilizan una corriente más alta para procesar una imagen. Bajo esta condición, llamada una descarga profunda, la tensión en la batería puede disminuir significativamente en algunas baterías. Y algunas baterías recargables, como alcalinas de manganeso (RAM) de la batería sufren de este problema. Pero pilas alcalinas normales no muestran este mismo de efecto y se pueden utilizar para aplicaciones de descarga profunda.

¿Por qué no utilizar pilas recargables alcalinas de manganeso (RAM) en su lugar?

Las baterías RAM suelen tener un precio elevado en comparación con las baterías alcalinas. Y a pesar de que las baterías de RAM son para ser recargadas, sólo pueden soportar un número limitado de ciclos de re-carga (normalmente alrededor de 25 - 30 veces).

Así que cuando se toma en cuenta el alto precio de las baterías RAM, más el hecho de que las baterías RAM también tienen un pobre rendimiento de descarga profunda, las pilas alcalinas normales se convierten en la opción más atractiva en muchas oportunidades.

Y ahora qué sabes que las pilas alcalinas normales se pueden reacondicionar y recargarse así, parece como la opción obvia para la mayoría de baterías alcalinas (en lugar de las baterías RAM).

¿Pueden las células alcalinas normales realmente ser recargadas?

Las Pilas alcalinas normales son baterías primarias. Esto significa que están destinadas a ser desechadas después de ser usadas ya que estas baterías se vacían completamente. Sin embargo, a pesar de que estas baterías no están construidas para ser recargadas, en realidad puedan ser recargadas unas 10 veces.

Sin embargo, nosotros observamos que las pilas alcalinas de recarga primaria presentan problemas al tratar de recargarlas normalmente. Dado que las células alcalinas no están construidas para ser re-cargadas, ya que prácticamente tienen una pobre capacidad de recarga (en comparación con las baterías de RAM). También apoyan a un menor número de ciclos de recarga de baterías que se construyen para ser re-cargadas, como NiCd o NiMH.

Pero dicho esto, es posible recargar y tener un reacondicionamiento de baterías alcalinas primarias y darles una segunda vida. Tendrá buena suerte haciendo esto, si reacondiciona las baterías antes de que estén completamente muertas. Cuanto más vacías se encuentren, más difícil se vuelve el reacondicionamiento (a pesar de que todavía es posible).

Cuando Reacondicionamos y recargamos las pilas alcalinas primarias, utilizamos siempre uno de los dos métodos.

Método 1, Utilizar un cargador de baterías

La forma más sencilla para reacondicionar y recargar una pila alcalina, es utilizar uno de los nuevos cargadores de baterías alcalinas, que es capaz de recargar las pilas alcalinas primarias. La mayoría de la gente no sabe que existen estos dispositivos, pero existen algunos modelos nuevos que acaba de salir al mercado que funcionan bastante bien.

Debido a esto, lo primero que recomendamos es que pruebe este método (es decir, el método 1) antes de probar el método 2.

Pero las direcciones (y precauciones) que vienen con muchos de estos nuevos cargadores de batería son bastante malos de lo que hemos visto, así que lea nuestros pasos por debajo de reacondicionamiento y nuestras precauciones al final de esta guía si usted decide obtener un cargador de batería alcalina:

Elementos necesarios: pilas alcalinas, cargador de batería.

Elementos opcionales: Probador de la batería, multímetro.

PASOS

Paso 1, Identificar las células descargadas: El primer paso es identificar qué Pilas alcalinas (es decir, células) se han descargado.

Cuando un dispositivo que necesita más de una batería deja de funcionar, es muy probable que una sola batería se ha descargado mientras que los otros están en buenas condiciones. Y aquí es cuando un probador de la batería es muy útil

Porque se puede utilizar para comprobar que la batería, en realidad está vacía (y que las baterías están en buenas condiciones).

Un multímetro también útil para éste, ya que mide la salida de voltaje de la batería para determinar si la misma esta buena o no. El voltaje adecuado para las baterías alcalinas AA / AAA es 1.5V.

Para comprobar la tensión de las baterías con un multímetro, siga estos pasos:

En primer lugar, encienda el multímetro / voltímetro y coloque el voltímetro en el DCV y asegúrese de que es superior a la tensión de la batería. En la mayoría de los voltímetros hay un ajuste "20" en la zona DCV. Así que cambie su voltímetro a ese ajuste.

A continuación, con la batería delante de usted, ponga la sonda roja al pezón de la batería (+) y la sonda negra del lado plano de la batería (-).

Ahora note la lectura de la tensión en el voltímetro. Si la lectura es más de 1.3V para la batería alcalina (no es recargable), entonces la batería todavía tiene un poco de carga que queda en ella y puede ser reacondicionado con bastante facilidad. De lo contrario, si la lectura del voltaje es más bajo, todavía es posible recargar la batería, pero puede que no recargue muy bien del todo.

Paso 2) Conectar la batería "muerta" para el cargador de batería: Conectar las células que se han descargado a la unidad de carga de la batería. Asegúrese de que la batería está conectada a la unidad de cargador con la polaridad correcta.

Paso 3) Cargar la batería: Espere a que la batería se cargue. El cargador de baterías puede demostrar que la carga está completa después de unas horas. Sin embargo, es mejor dejar la batería en el cargador durante 10 - 12 horas de un tirón. Si lo hace, permite a la célula alcalina que se cargue con todo su potencial, en lugar de algún valor intermedio entre el 70% y el 90%. Una vez finalizada la carga, el cargador de batería suministra una corriente de goteo reducida para mantener la carga de la batería en un valor óptimo.

Por favor, vea nuestras precauciones al final de esta guía, pero siguiendo estos sencillos pasos se recargará la mayor parte de las pilas alcalinas, dándoles una nueva vida!

Pero si por alguna razón, esto no funciona bien, para alguna de sus baterías alcalinas, ahora se puede pasar al método 2.

Método 2) Utilice un adaptador de teléfono celular

Si intenta el método 1, pero algunas de sus baterías alcalinas todavía está teniendo dificultades para la recarga, entonces debería seguir adelante con el método 2!

También puede probar el método 2, si usted es un verdadero entusiasta como estamos seguros, de reacondicionamiento de baterías.

- ⊥ **Elementos necesarios:** baterías descargadas, cargador de teléfono móvil de bajo voltaje, pinzas de cocodrilo, cables.
- ⊥ **Elementos opcionales:** Multímetro

Pasos

Paso 1) Identificar la batería descargada: Siga el mismo procedimiento que discutimos en el Método 1, para identificar las pilas agotadas que necesitan ser reparadas.

Paso 2) Elija el cargador derecho: Con el fin de cargar las baterías alcalinas, necesitará un cargador de teléfono celular. Si usted tiene un par de cargadores de teléfonos celulares elija uno sin un muy alto amperaje. Los de alto amperaje conducen a fugas de las pilas, una corriente inferior ayudará con esto.

Un cargador con alrededor de 50-70 mA o menos, es bueno. Usted puede ir todo el camino hasta 300 mA, pero con corriente tan alta que tendrá que apagar y encender la batería un poco más de frecuencia (lo que significa que tendrá que desconectar y volver a conectar periódicamente el cargador - consulte el paso 4).

Paso 3) Conectar el cargador a la batería: Durante la carga que siempre van positivo con positivo y negativo con negativo.

La mayoría de los transformadores son "Plus-punta", que significa el círculo interior o un agujero en el medio de la clavija es positivo y el anillo exterior es negativo. Algunos pueden ser lo contrario de esto, así que puede que tenga que probarlo primero.

A continuación, puede utilizar un poco de alambre y lo coloca en el centro del agujero del medio y úselo para conectar el positivo del cargador al borne positivo de la batería con una pinza de conexión (para mantenerlo en su lugar).

A continuación, se puede conectar el terminal negativo de la batería al terminal negativo del adaptador.

Paso 4) Carga de la batería: El mejor rendimiento de carga es conectando la batería a la fuente de energía eléctrica. Esto se puede realizar manualmente mediante la desconexión del circuito cada par de minutos, comprobar el voltaje, y volver a conectarlo.

* Nota: No se limite a conectar el cargador y salir. Esto necesita ser supervisado por la seguridad y la carga efectiva.

Si la tensión es alta (1.65 o superior) es necesario dejar que se enfríe por lo que la tensión cae de nuevo a 1.50 - 1.60v. Una vez que lo hace, repita el proceso, luego repetir de nuevo... entonces otra vez, etc.

Cómo probar el voltaje: Para probar la tensión, sólo tiene que encender el multímetro / voltímetro y poner el voltímetro en el DCV y asegúrese que es muy superior a la tensión de la batería. En la mayoría de los voltímetros hay un ajuste "20" en la zona DCV. Así que cambie su voltímetro a ese ajuste.

A continuación, con la batería delante de usted, ponga la sonda roja a la batería pezón (+) y la sonda negra del lado plano de la batería (-).

Paso 5) Pruébelo! Después de repetir el paso 4 muchas pero muchas veces (la corriente pulsante) cargar las pilas! Colóquelos en un dispositivo que toma las pilas alcalinas y vea cómo funciona! Creo que se sorprenderá de lo bien que empiezan a trabajar de nuevo!

PRECAUCIONES

Precaución 1) Durante el funcionamiento normal de las pilas alcalinas y durante el proceso de carga, se generan pequeñas cantidades de gas de hidrógeno. Si hay una acumulación de presión dentro de la batería, puede causar que el contenedor explote dando lugar a fugas de los contenidos en el interior. Si esto ocurre antes o durante el proceso de carga, interrumpa la carga y deseche la batería inmediatamente.

Precaución 2) Al conectar el cargador a la batería, asegúrese de que los terminales están conectados correctamente como se indica en el apartado anterior. Si se utiliza un cargador de batería comercial, observe que se conecta la batería en la ranura correcta con la orientación correcta como se indica en el manual.

Precaución 3) La tensión del cargador de batería debe ser mayor que la de la batería a plena carga. Si este no es el caso, la potencia de la batería fluye en el cargador. Esto puede dañar el cargador.

Precaución 4) Si observa corrosión en el contenedor de la batería, deseche la batería y no intente volver a la carga.

Conclusión

Utilizando el método 1 o el método 2, debe traer la mayor cantidad de sus baterías alcalinas viejas, otra vez a la vida de nuevo.

Las pilas alcalinas son muy útiles y traen muchos beneficios mientras le damos uso y son algunas de las baterías más utilizadas. Por lo que la capacidad de reacondicionar y volverlas a utilizarlas le ahorrará dinero y así aprovecha las pilas alcalinas que ya posee en casa.

Utilizando los métodos simples de esta guía le ahorrará cientos de dólares a lo largo de su vida en el costo de las baterías alcalinas.

Esperamos que hayas disfrutado de esta guía que nos pareció muy útil.

LAS BATERIAS DE NIMH

Una batería de níquel e hidruro metálico (NiMH) es un tipo de batería recargable que se utiliza comúnmente en las cámaras digitales, ordenadores portátiles, teléfonos móviles, herramientas eléctricas inalámbricas y otros dispositivos de alto consumo.

Las baterías de NiMH funcionan de manera similar a (NiCd)-níquel-cadmio. Básicamente, la reacción química en el electrodo positivo de una batería de NiMH es similar a la de una batería de NiCd. Ambos tipos de baterías utilizan oxihidróxido de níquel (NiOOH). Pero la diferencia se produce en los electrodos negativos. Una batería de NiMH utiliza una aleación absorbente de hidrógeno en vez de cadmio (como en las baterías de NiMH).

Una batería de NiMH también puede tener dos o tres veces la capacidad de un tamaño equivalente NiCd. Aún más impresionante es, un NiMH tiene una densidad de energía cercana a la de una batería de iones de litio. Debido a estos beneficios, las baterías de NiMH, se utilizan comúnmente en el mundo electrónico de hoy.

El problema es, que todas las baterías son caras y con el tiempo envejecen y mueren. Pero la mayoría de las personas no se dan cuenta de que las baterías de NiMH, pueden ser reacondicionadas y llevadas de vuelta a la vida con un método sencillo!

Este método de reacondicionamiento de NiMH, es uno de los métodos más simples de reacondicionamiento que voy a enseñar, usted se sorprenderá de lo rápido, fácil y efectiva es ésta!

Así que coge sus baterías NiMH viejas y vamos a empezar!

Dos métodos para reacondicionar las baterías de NiMH

La investigación ha demostrado que la capacidad de una batería NiMH comenzará a desgastarse después de haberla usado durante seis meses o más. Por lo que recomendamos el reacondicionamiento de la batería de NiMH cada 6 a 12 meses para maximizar su vida útil.

Sin embargo, si usted no recibió nuestro guía en el tiempo y no ha reacondicionando regularmente sus baterías NiMH durante su vida útil, eso está bien también! Los siguientes dos métodos de reacondicionamiento funcionan muy bien, incluso si sus baterías de NiMH son viejas o incluso si están muertas!

Una cosa de la que se habrá dado cuenta antes de empezar, es que no recomendamos nuevas células de NiMH para su reacondicionamiento. Sólo le recomendamos reacondicionar las baterías, después de haber estado en uso durante 6 meses a un año.

Método 1:

La mejor manera para reacondicionar las baterías de NiMH es hacer nuestro pleno de descarga y recarga método que describiremos a continuación.

Es sorprendente lo fácil, pero este método al mismo tiempo, le mostrará lo bien que funciona!

Así que para traer sus baterías de NiMH de nuevo a la vida, siga estos 5 pasos:

Paso 1: Vaciar completamente sus baterías de NiMH.

Para ello, coloque la batería en el dispositivo que poder. Por ejemplo, si normalmente utiliza las baterías de NiMH para alimentar una cámara digital, colóquela en la cámara.

A continuación, encienda el dispositivo.

Después de encender el aparato, déjelo reposar hasta que las baterías estén completamente descargadas y el aparato esté completamente muerto. Este proceso puede tardar de 30 minutos a varias horas.

Una vez que la batería se agote por completo (y el dispositivo se apaga), saque la pila del dispositivo. No deje su batería en el dispositivo demasiado tiempo después de que se agote por completo.

Paso 2: Después de que las baterías se agoten, deje que repose y se enfríe hasta que estén de nuevo a temperatura ambiente.

Esto normalmente se tarda unos 30 minutos.

No continúe con el paso 3 hasta que las baterías se enfrían.

Paso 3: Después de que la batería está de nuevo a temperatura ambiente y se ha reposado durante al menos 30 minutos, colóquelo en su cargador (colóquelo de nuevo en el dispositivo y enciéndalo).

Paso 4: Cargue por Completo las baterías mediante la conexión de su cargador.

Durante este paso, mantenga un ojo en las baterías y desconecte una vez que esté completamente cargada, ya que no queremos sobrecargar la batería de NiMH.

Normalmente, esto no es de preocuparse, porque la mayoría de los cargadores dejan de cargar las baterías una vez que se hayan cargado completamente.

Pero si el cargador está viejo y no lo hace, mantenga un ojo en luz indicadora del cargador y saque las pilas una vez que se diga que la batería está completamente cargada.

Paso 5: Repita este proceso 4-5 veces.

Una vez terminado, deje que se enfríe la pila antes de usarla.

Además, cuando las baterías no están en uso, guárdelas en un lugar fresco para evitar el calor excesivo.

Después de este proceso de 5 pasos, las baterías de NiMH estarán trabajando como nuevas otra vez.

Procede a probarla... y prepárate para ser impresionado!

Parece tan simple pero usted, se sorprenderá de lo bien que funciona y cuánto tiempo duraran sus baterías si usted hace esto.

Método 2:

Un segundo método que puede utilizar para reacondicionar las baterías de NiMH es utilizar un cargador inteligente especial.

Hay un par de cargadores inteligentes que hacen un buen trabajo de reacondicionamiento de baterías de NiMH. Los que recomendamos son el Maha Powerex C9000 o La Crosse BC 1000. Ambos cargadores inteligentes tienen opciones tales como la descarga y / o actualizar las opciones de reacondicionamiento.

Usted puede simplemente poner sus baterías NiMH viejas en estos dispositivos y harán un ciclo de reacondicionamiento para usted. Esto hace que sea extremadamente fácil de reacondicionar estas baterías.

Notaremos que se recomienda tratar el método 1 antes de comprar un cargador inteligente, porque el método 1 funciona increíblemente bien, muchas veces mejor que el reacondicionamiento de esfuerzos con un cargador inteligente. Pero si el método 1 no funciona para usted, por alguna razón, o si desea un método de reacondicionamiento totalmente automatizado, entonces pruebe el método 2!

Conclusión

Las baterías de NiMH son algunas de las baterías más utilizadas.

Tienen beneficios increíbles y son por lo general mejor que las baterías de NiCd para la mayoría de los dispositivos electrónicos.

Las baterías de NiMH tienen mayor capacidad que las baterías de NiCd del mismo tamaño y las baterías de NiCd prácticamente se descargan más rápido que las baterías de NiMH.

Debido a estos beneficios, NiMH se está utilizando cada vez más en aplicaciones electrónicas. Pero este uso generalizado de las baterías de NiMH también significa que son algunas de las baterías más tiradas a la basura. Cuando en realidad, la mayoría de estas baterías de NiMH que son viejas, se pueden reacondicionar y volver a la vida.

Y ahora que usted ha leído nuestra guía y nuestra batería utilizó este método de reacondicionamiento, usted sabe exactamente cómo hacer esto! Y estas habilidades le beneficiarán para el resto de su vida.

El reacondicionamiento de baterías recargables de NiMH:

• Las trae de vuelta a la vida.

• Aumenta drásticamente su vida útil.

• Y mejora su rendimiento general.

Esto también significa que usted, no tendrá que comprar nuevas baterías NiMH que son muy costosas y en su lugar, ahorrara mucho dinero cada año.

Cuando la mayoría de la gente usa sus baterías de NiMH en sus dispositivos, se descarguen a mitad de camino, y lo que debe hacer es recargarlas de nuevo. Pero en repetidas ocasiones haciendo esto matará las baterías y reducirá su capacidad.

Pero si se utilizan el método 1 (o el método 2) en esta guía de reacondicionamiento cada 6 meses a un año, o una vez que las baterías son viejas y mueren, usted será capaz de maximizar su vida útil y conseguir que las baterías se mantengan en niveles óptimos.

Diviértase con el reacondicionamiento de las pilas y disfrute de su ahorro de dinero y tendrá el mejor rendimiento en sus baterías!

Revive una batería de teléfono celular "muerta"

Con los modelos insignia de teléfonos inteligentes que se lanzan cada año, la tecnología móvil se está desarrollando a un ritmo cada vez más rápido.

Sin embargo, las baterías que alimentan nuestros dispositivos móviles todavía tienen que ponerse al día. En un teléfono perfectamente bueno, la batería es a menudo lo primero que necesita ser reemplazado.

Pero antes de desembolsar los dólares necesarios para comprar una nueva, usted debe probar este método simple para revivir una batería de teléfono celular muerta.

Paso 1: Parte del extremo pequeño de un cable USB estándar que expone los cables positivos y negativos.

Paso 2: Retire la batería del teléfono.

Paso 3: Localice las marcas de polaridad en la batería del teléfono.

Paso 4: Conecte el cable USB en su computadora y toque los cables negativos y positivos a los terminales correspondientes para arrancar la batería.

Paso 5: Vuelva a colocar la batería en el teléfono y verifique los resultados.

Funciona de nuevo!

El truco de la vaselina

Aquí hay una sugerencia rápida para empezar:
Una manera fácil de alargar la vida de sus baterías de 9 voltios es cubriendo los terminales de la batería con una fina capa de vaselina. Esta es una práctica relativamente común con las baterías de automóviles, pero la mayoría de la gente no sabe que se puede hacer con una batería regular doble A, triple A y baterías de 9 voltios.
Si se encuentra en un área húmeda, sus dispositivos van a estar expuestos a la humedad con bastante frecuencia. Cuando se exponen constantemente a la humedad, los

terminales de la batería se oxidan y pueden tener un efecto significativo en la resistencia, disminuyendo así la vida útil de la batería.

Al revestir los terminales de la batería con vaselina, protege los terminales de la humedad y previene la corrosión.

También se ha sugerido que la grasa de litio blanco es aún mejor para el trabajo que la vaselina. Si tiene alguno a mano, pruebe usted mismo y vea lo que funciona mejor.